中小学人工智能系列丛书

改变生活的物联网

GAIBIAN SHENGHUO DE WULIANWANG

主编 姚 炜 王 铮

图书在版编目(CIP)数据

改变生活的物联网 / 姚炜，王铮主编. —苏州：苏州大学出版社，2018.5（2020.6重印）
（中小学人工智能系列丛书）
ISBN 978-7-5672-2416-2

Ⅰ.①改… Ⅱ.①姚… ②王… Ⅲ.①互联网络—应用—青少年读物 ②智能技术—应用—青少年读物 Ⅳ.①TP393.4-49②TP18-49

中国版本图书馆 CIP 数据核字(2018)第 079340 号

改变生活的物联网
姚 炜 王 铮 主编
责任编辑 张 凝

苏州大学出版社出版发行
（地址：苏州市十梓街 1 号 邮编：215006）
龙口市新华林文化发展有限公司
（山东省烟台市龙口市高新技术产业园区（通海路与石黄公路交汇处路西））

开本 890 mm×1 240 mm 1/16 印张 4 字数 78 千
2018 年 5 月第 1 版 2020 年 6 月第 3 次印刷
ISBN 978-7-5672-2416-2 定价：25.00 元

苏州大学版图书若有印装错误，本社负责调换
苏州大学出版社营销部 电话：0512-67481020
苏州大学出版社网址 http://www.sudapress.com

编 委 会

序

目前，我们正处于一个技术高度变革的时代，从互联网、物联网、人工智能到智能制造，知识迅速更新，不仅改变了我们的思维模式、学习方式、教学方式，也改变了我们的生产方式，特别是对于未来的就业和产业所需要的人才提出了更高的要求。

2017 年，国务院印发的《新一代人工智能发展规划》中提出："实施全民智能教育项目，在中小学阶段设置人工智能相关课程，逐步推广编程教育，鼓励社会力量参与寓教于乐的编程教学软件、游戏的开发和推广。"2018 年，教育部在《高等学校人工智能创新行动计划》中进一步强调："重视人工智能与其他学科专业教育的交叉融合，构建人工智能多层次教育体系，在中小学阶段引入人工智能普及教育。"在此背景下，人工智能课程应运而生。

由圣陶教育研发，苏州大学出版社出版的"中小学人工智能系列丛书"，分为《人工智能的无限挑战》《比真实更逼真的 VR》《狙击自然灾害》《迈向宇宙的第一步——运载火箭》《更加快速，更加准确——智能医疗》《改变生活的物联网》《从 A 到 Z 了解游戏引擎》和《第三代基因剪刀 CRISPR》，一套共 8 册。丛书充分适应了当前信息时代、智能时代发展的需要。在内容上，基于学生的兴趣，以学生身边发生的实际案例为切入点，利用任务式学习 (TBL)、项目式学习 (PBL) 和基于设计学习 (DBL) 的教学方式，帮助学生在正确理解人工智能、了解其基本原理的基础上，利用前沿技术手段将人工智能运用到生活中去。与此同时，丛书注重加强对学生课内外一体化的人工智能知识、技能、应用能力的培育，致力于提升学生的人工智能思维，对于学生在真实情境中提高探究与创新能力、跨学科问题解决能力和团队协作能力具有很强的针对性和实用价值。

国家教育咨询委员会委员　王本中

编者的话

亲爱的同学们：

你们好！

作为互联网的“原住民”，你们一定知道人工智能正以一种无法阻挡的态势进入我们的生活，未来将是人工智能的天下！

那么，什么是人工智能？人工智能有多大本事？机器到底是如何做到像人类一样思考，又是如何在某些方面超越人类的呢？为了解答这些问题，我们编写了这套人工智能系列课程教材。

《改变生活的物联网》是人工智能系列课程教材中的一种，延续了人工智能系列课程的体系。全书包括场景导入、创意制作、职业探索、课外拓展四个环节。场景导入部分简单介绍了物联网的概念、物联网发展现状、物联网核心技术、物联网面临的信息安全问题及对策；通过这部分的学习，同学们将对物联网这一概念形成基本的认知。创意制作部分包括打造智能家居、利用RSA加密算法收集朋友的生日信息和制作智能灯泡三个活动，同学们可简单了解本活动所涉及的相关知识，然后利用相关软件或硬件完成活动任务。职业探索部分介绍了具体的相关职业、工作内容、相应学科等信息，同学们可参考这一环节规划自己的未来职业。最后是课外拓展，本环节要求同学们根据所提示的信息，设计并制作智能停车系统，不妨找好合作伙伴一起大显身手。

是否已经有同学按捺不住了？那么，让我们立即开始人工智能的“旅行”吧，祝同学们玩得愉快！

目　　录

学习地图

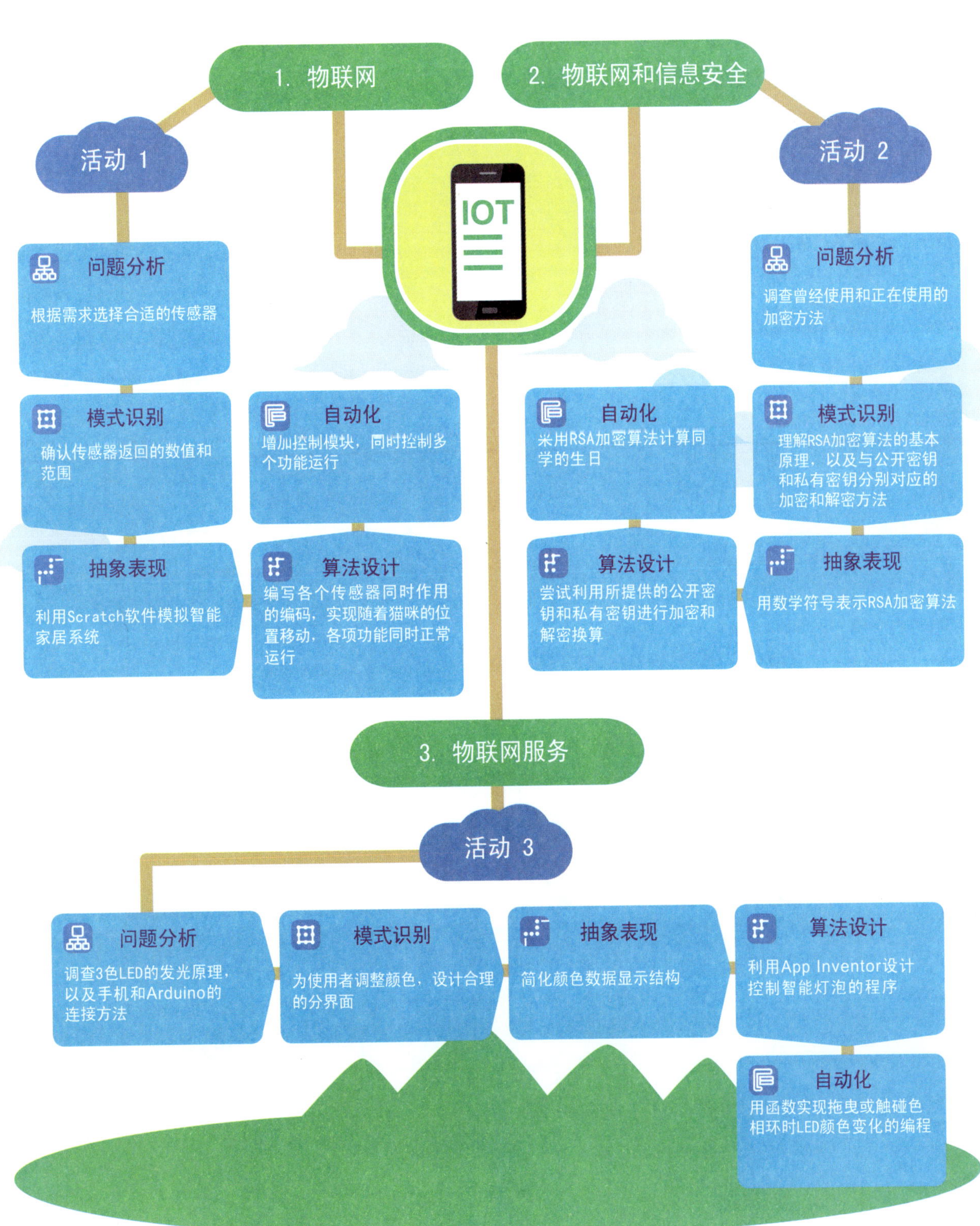
1. 物联网
2. 物联网和信息安全
IOT
活动 1
问题分析
根据需求选择合适的传感器
模式识别
确认传感器返回的数值和范围
自动化
增加控制模块，同时控制多个功能运行
抽象表现
利用Scratch软件模拟智能家居系统
算法设计
编写各个传感器同时作用的编码，实现随着猫咪的位置移动，各项功能同时正常运行
活动 2
问题分析
调查曾经使用和正在使用的加密方法
自动化
采用RSA加密算法计算同学的生日
模式识别
理解RSA加密算法的基本原理，以及与公开密钥和私有密钥分别对应的加密和解密方法
算法设计
尝试利用所提供的公开密钥和私有密钥进行加密和解密换算
抽象表现
用数学符号表示RSA加密算法
3. 物联网服务
活动 3
问题分析
调查3色LED的发光原理，以及手机和Arduino的连接方法
模式识别
为使用者调整颜色，设计合理的分界面
抽象表现
简化颜色数据显示结构
算法设计
利用App Inventor设计控制智能灯泡的程序
自动化
用函数实现拖曳或触碰色相环时LED颜色变化的编程

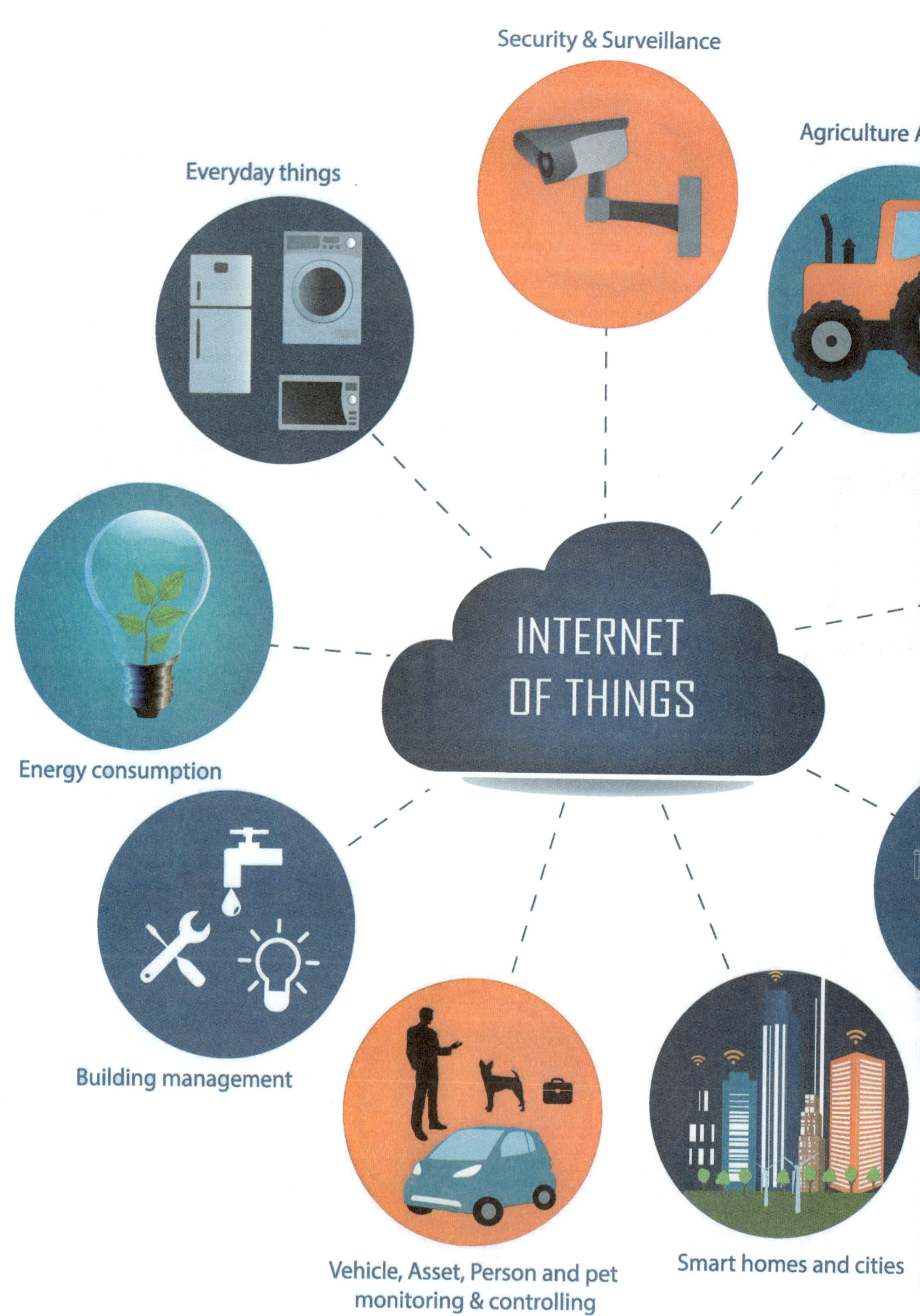
Security & Surveillance
Agriculture A
Everyday things
INTERNET
OF THINGS
Energy consumption
Building management
Vehicle, Asset, Person and pet
monitoring & controlling
Smart homes and cities

场景导入

“匆忙离开家，赶去外地出差，没有来得及关家里的灯。我得出差一周，怎么关家里的灯呢？好着急呀！”

你有没有过出门之后想起没有关灯，又不得不再次回家关灯的经历？一定有过吧！如果家里的照明设备感应到主人已经离开家，然后自动关闭不需要的电源，是不是非常方便？

这就是物联网！如果生活中处处实现物联网，那么我们的生活将会发生怎样的变化呢？还有，物联网是如何构成的？现在，让我们一起来了解物联网的原理和发展现状吧！

Embedded Mobile

licine & Healthcare

物联网时代的到来

>>>>

物联网的发展现状

未来的物联网时代将会是一个所有的设备和产品全部相连，并能够进行对话的超级链接（Super-Connectivity）社会。

著名的经济学家杰里米·里夫金（美国华盛顿特区经济趋势基金会总裁）是这样描绘未来社会面貌的：未来，人们不必通过中间环节，互相连接的物体能够自主地向人们传递已知信息。这种物体与物体之间通过网络相连接的技术正是近期备受瞩目的 IT 产业核心技术——物联网（Internet of Things），简称“IOT”。

除了手机和电脑，汽车、红绿灯、相机等世界上所有的物体全部通过网络相互连接，不分国界，这就是物联网

如今，我们身边有很多物联网技术的应用事例。我们可以在电视画面中即时看到在相机中拍摄的照片，在手机上完成的文件也可以立刻打印在纸上。未来，这些设备将不只是完成简单的工作，它们还将自主判断需要进行哪些更复杂的工作，并毫不犹豫地为我们完成。例如，当照明设备感知到家中空无一人时，它们将把信息发送给电热器，收到信息后的电热器就会自动停止工作，以预防火灾，并减少电力消耗。

现在与网络相连的物体不足 1%。据估计，全世界约有 1.5 兆亿的物体，其中仅有 100 亿左右的物体连接到网络中。看起来，100 亿种物体相当多，但是平均下来，在我们身边的 100 种物体中，或许连 1 种物体都未能连接到网络中。

据 2013 年发表的物联网相关报告显示，到 2020 年将有 500 亿种物体连接到网络中。随着时间的推移和技术的完善，这个数字还将不断增加。总有一天，我们身边的物体都将连接成一个整体，“超级链接社会”终将到来。

物联网的核心——传感器

传感器技术是实现物体无论何时何地都能够迅速了解周边环境变化的核心技术。

传感器是将温度、压力、速度等信息转换为电信号的装置。根据检测信息的不同，传感器可以分为不同种类，如温度传感器、湿度传感器、超声波传感器、压力传感器等检测物理信息的传感器，这类传感器最为常见。除此之外，还有检测脉搏、血压、血糖等人体健康状态的生物传感器。最近，人们正在研发能够识别人脸或动作的传感器，以及通过测定脑电波来读取人类思维变化的传感器。

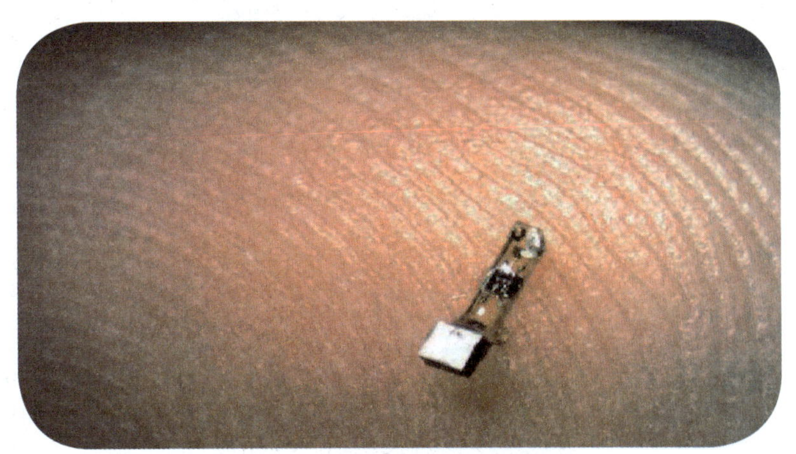

名为“神经尘”的微型传感器

但是，即使某个传感器的性能非常好，如果它的尺寸巨大或非常厚重，这样的传感器也很难应用于我们的产品中。因而，传感器的外观和材质非常重要，它必须能够轻易地被粘附在其他物体上，并且足够轻薄。此外，对于不同用途的传感器还有其他不同的要求。

2016 年，美国加州大学伯克利分校的工程师研发出了一种名为“神经尘”的微型传感器，它不仅可以追踪身体数据，还能在医学领域发挥更大的作用。据悉，“神经尘”的大小和一粒米差不多，可利用超声波供电和进行数据传输。它可以用来对几乎所有的器官、神经或肌肉进行实时追踪。更让人吃惊的是，这种名为“神经尘”的装置还能对神经和肌肉进行刺激，以治疗癫痫和炎症，或是进行假肢控制。“这种传感器的体积已经足够小，可在外周神经系统当中发挥良好的作用，比如膀胱控制或食欲抑制。”作为加州大学伯克利分校教授、神经学家及本次研究的合作者，Jose Carmena 说：“这项技术还无法让传感器的体积缩小到 50 微米，以进入大脑和中枢神经系统，但在临床验证之后，神经尘就可以取代电极丝了。”

新的 IP 地址需求

当物体连接网络时，需要共享 IP 地址。现在的 IP 地址是用“IPv4”表示的，如“210.113.039.224”，用这种方法最多可以生成约 43 亿个 IP 地址。如果 2020 年连接网络的物体个数达到 240 亿个，那么，我们就将需要更多的 IP 地址。为了解决这个问题，我们采用了“IPv6”方法。

比起 IPv4，IPv6 的长度更长，采用这种方法，我们可以获得 43 亿 ×43 亿 ×43 亿 ×43 亿个 IP 地址，这是一个非常庞大的数字。这表明，无论与网络相连的物体个数增加至多少，我们都不需要担心 IP 地址不够用。

阻挡黑客攻击

>>>>

信息安全问题

对于与网络相连接的所有设备而言，信息保密非常重要，物联网同样如此。在物联网世界中，时时刻刻都有传感器收集我们的各种隐私信息，比如我们的身体信息、住房信息，甚至街道信息。虽然这是一些看似不起眼的琐碎信息，但是利用这些信息，他人也能够对我们做出不利的事情。归根到底，我们的隐私信息非常重要。实际上，安全问题就是物联网技术的致命弱点，也是关乎物联网能否存活并成功应用于市场的关键。

韩国产业研究院认为，2020 年因物联网信息安全问题导致的经济损失将达到 17.8 兆韩元（约合 167 亿美元）。与自然灾害带来的 2.7 兆韩元（约合 25 亿美元）、网络攻击带来的 5.6 兆韩元（约合 52 亿美元）的损失相比，物联网信息安全问题可能导致的经济损失会相当巨大。

不再安全的智能家居

对于互联网家电产品，我们也不能掉以轻心。2014 年 1 月，美国一家安全技术企业 Proofpoint 表示，“通过电视和冰箱，已经向全球各大企业及个人发送了 75 万件以上的垃圾信息和诈骗信息”。物联网如果被破解，就可以远程控制家里的智能设备，即所谓的“Home Hacking（家庭黑客）”。黑客可以随心所欲地控制智能大门，解除监控摄像头的监视功能，甚至可以随意控制室内的温控器。该领域的代表性企业 Synack 就曾把谷歌收购的监控摄像头企业 DropCam 的信息漏洞找到，并公之于众；在外部攻击密码薄弱点（heartbleed）后，通过摄像头监控室内，并偷偷打开了摄像头上的麦克风；甚至在 2014 年国际安全技术大会（ISEC）上，现场破解了扫地机器人的安全系统，通过机器人身上的摄像头，将室内的环境一五一十地直播到大会现场。看来，今后人们将不得不提防来自监控摄像头以及扫地机器人的犀利眼神。

不再安全的智能医疗设备

医疗或者健康领域的情况又会如何呢？“国际黑客 · 安保论坛”上曾经演示过现场破解医疗设备，并远程遥控糖尿病患者用的胰岛素泵和心脏病患者用的起搏器的活动。美国食品与药品监督局（FDA）最近也开始禁止使用具有互联网功能但缺少安全功能的药物注射泵，原因是如果物联网被黑客破解，患者的生命将受到威胁。

需要更高效的加密算法

目前，适用于物联网设备的加密算法的研究正在不断进行中。

密码算法经历了加密和解密两个基本过程。将特定的信息以某种公式转换的过程称为“加密”，与之相反，将密码分解转换为原本信息的过程则称为“解密”。如今，物联网中比较常用的密码算法是“PRINCE”，这一算法广泛使用的原因主要是解密过程非常简单。这一算法所使用的芯片的大小还不足其他算法使用芯片的十分之一，因此它能够极大地减少耗电量。

为了保护隐私，我们也可以考虑选择性地公开自己的信息。根据信息的重要性制定等级，设定只将用户同意的信息上传到服务器中。如此，我们便可以只公开部分信息，并且只有特定的人或团体才能够看到我们的隐私。

访问安全的网站

物联网为众多领域提供了极大的便利，其中便包括健康医疗领域。例如，患有心脏病或糖尿病等疾病的患者可以通过连接在身上的传感器即时感知身体是否出现异常，如果出现异常，医院将在第一时间了解到相关数据，并及时进行治疗。

但是，正如上文中提到的那样，如果物联网被黑客破解，患者的生命也会受到威胁。为了防止出现这种情况，信息从更为安全的通道接入 SDN(Software Defined Network，软件定义网络）也是信息安全保护的方法之一。例如，在患者信息传送到医院的过程中如遭到黑客攻击，传感器感知到这一情况后，会在第一时间内切断当前连接的通道，并寻找其他的安全途径向医院传送信息。

如果能够实现这一设想，那么物联网将兼备信息传达和信息安全两大优势。

物联网的致命弱点是信息安全问题，这一问题能否解决将影响到物联网能不能最终发展起来

创意
制作

Part 1 物联网

>>>>

RFID

RFID 是 Radio Frequency Identification 的缩写，即射频识别，它是一种无线通信技术，可以通过无线电信号识别特定目标，并读写相关数据，而无须在识别系统与特定目标之间建立机械或者光学接触。RFID 可以读取标签中包含的物品名称、价格、生产日期等信息。它与现在广泛使用的条形码概念相仿，但比起条形码，它包含的信息更多，读取速度更快。

1999 年，美国麻省理工学院的 Kevin Ash-ton 教授首次提出了物联网的概念。同年，美国麻省理工学院建立了“自动识别中心（Auto-ID）”，阐明了物联网的基本含义，提出“万物皆可通过网络互联”，不只是电脑，所有的物品都能够连接到网络中，实现互联。在电脑尚不普及的当时，物联网概念的实现似乎触手可及。但是，将近 20 年过去了，我们生活的世界发生了多大的改变呢？我们已经进入物联网时代了吗？

什么是物联网？

你是否注意过，当我们打算乘坐公交车时，通过微信或其他平台就可以实时了解公交车到达站台的时间、公交车位置的实时变化等信息。帮助我们在手机上查看公交实时信息的“公交信

所谓物联网，就是生活中使用的物品全部通过网络实现互联，进行信息的传递

息系统”正是物联网技术的代表性应用事例。公交信息系统利用安装在公交车上的 GPS 信号接收器，可以实时掌握公交车的位置信息，并根据交通状况估算到达站台的时间。当信息上传至服务器后，服务器再将信息传送至客户端，这样我们便可以通过手机应用或其他方法看到公交信息了。

实时掌握公交行驶状况的公交信息系统是物联网运用的一种

物联网的特点有很多，其中最核心的是以下三种：

第一，各种物品具有在必要时自主收集并分析信息，根据所给指令运行程序的功能。这项功能并非指人工智能，而是指即便使用者没有逐条下达各项指令，物品依然能够自主完成每一个步骤，直至完成最终的指令。

第二，各种物品都必须通过网络实现互联。物与物、物与人之间能够实现信息的相互传递。

第三，通过网络连接的物品得到的信息并不只是用于相互传递，还能够用于提供新的服务。例如，提醒手机中记录的日程，预定演唱会或展览的入场券，提醒实时交通状况，等等。

未来，如果物联网技术如同手机一样普遍运用于生活中，那么，我们的生活将发生怎样的改变？想一想，写下自己的观点。

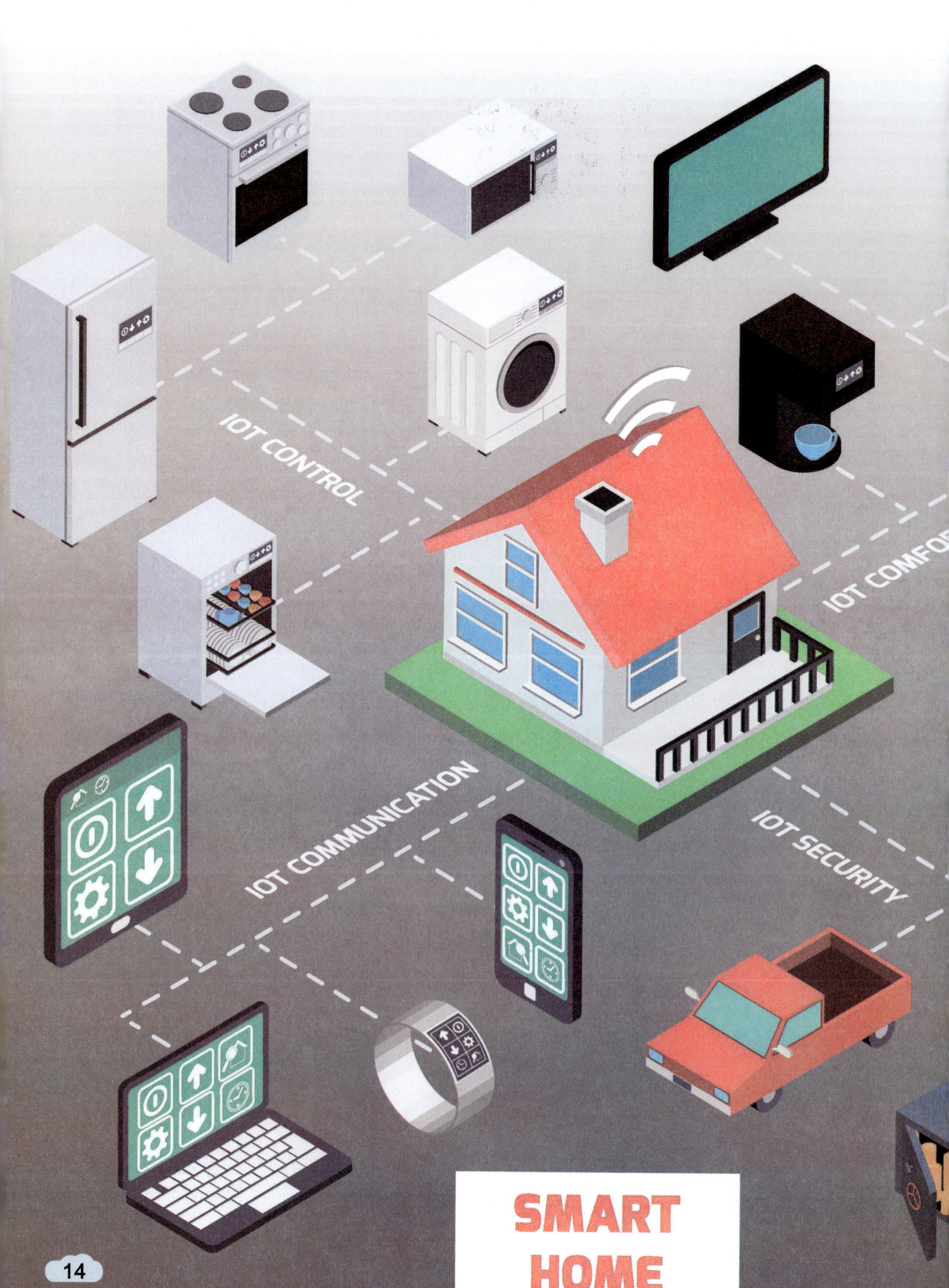
IOT CONTROL
IOT COMFO
IOT COMMUNICATION
IOT SECURITY
SMART
HOME

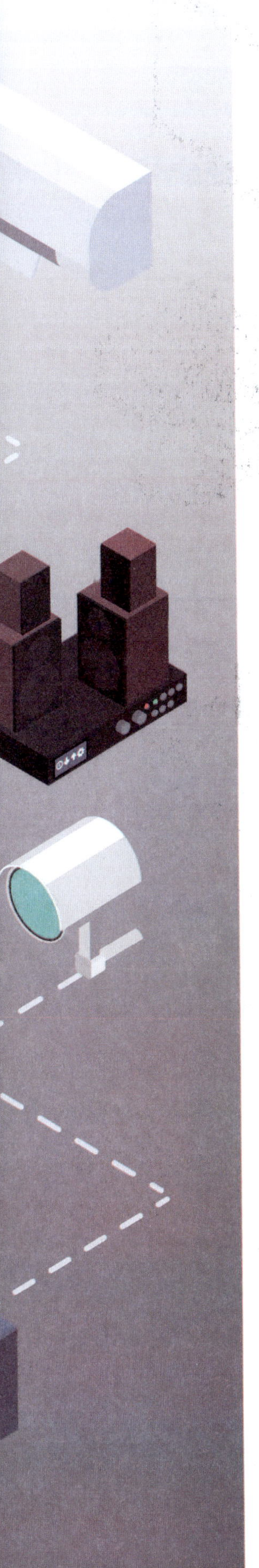

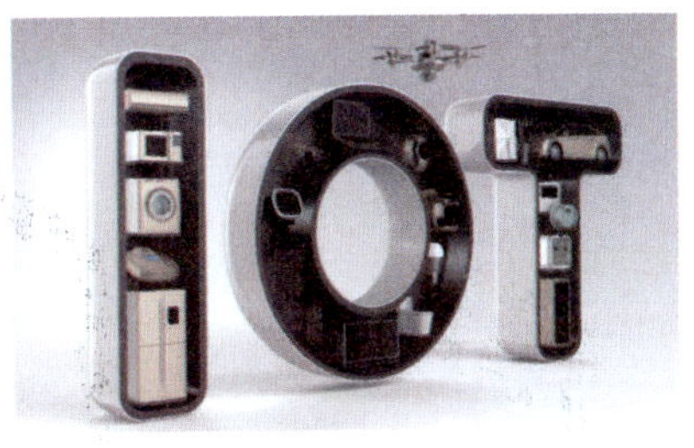

物联网的四大核心技术

物联网中运用到的技术有很多，其中最核心的技术有四种，分别是：传感技术、射频识别(RFID)技术、GPS技术以及无线传感器网络(WSN)技术。下面具体介绍这4种核心技术，以及它们在物联网中的作用。

① **传感技术** 传感技术同计算机技术、通信技术一起被称为信息技术的三大技术。根据仿生学观点，如果把计算机看成处理和识别信息的“大脑”，把通信系统看成传递信息的“神经系统”的话，那么传感器就是“感觉器官”。微型无线传感技术以及据此组建的传感网是物联网感知层的重要基础。

② **射频识别（RFID）技术** RFID技术市场应用成熟，标签成本低廉，但RFID一般不具备数据采集功能，多用来进行物品的甄别和属性的存储，且在金属和液体环境下应用受限，RFID技术属于物联网的信息采集层技术。

③ **GPS技术** GPS技术又称为全球定位系统，是具有海、陆、空全方位实时三维导航与定位能力的新一代卫星导航与定位系统。GPS作为移动感知技术，是物联网延伸到移动物体，采集移动物体信息的重要技术，更是物流智能化、智能交通的重要技术。

④ **无线传感器网络（WSN）技术** 无线传感器网络（Wireless Sensor Network，简称WSN）的基本功能是将一系列空间分散的传感器单元通过自组织的无线网络进行连接，从而将各自采集的数据通过无线网络进行传输汇总，以实现对空间分散范围内的物理或环境状况的协作监控，并根据这些信息进行相应的分析和处理。

WSN技术贯穿物联网的三个层面，是结合了计算、通信、传感器三项技术的一门新兴技术，具有范围大、成本低、密度高、布设灵活、采集实时、工作全天候的优势，且对物联网其他产业具有显著的带动作用。

可穿戴的物联网产品

当物联网时代完全到来时，我们身上穿戴的物品都可以连接到网络上，生活将变得更加便利。那么，这些可穿戴的物联网产品具有哪些功能呢？

智能眼镜

通过眨眼运行程序，自动检索网上的资料，检索结果将出现在镜片上。

智能耳环

也可作为耳机使用。当感知到使用者压力较大时，将自动播放舒缓的音乐，调节使用者的心情。

智能项链

检测心跳、体温等身体状态，出现紧急状况时立即通知主治医生。

智能手表

通过手环了解时间、天气、实时位置等信息，也可用来进行视频通话。

智能腰带

测定腰围和呼吸频率等数值，也可以在久坐时或饭后提醒使用者进行适当的运动。

手机充电装置

内置将体温转换为电力的传感器，当手机近距离接触此装置时，该装置将自动为手机充电。

智能腕带

可以显示身体健康状况或位置、时间、天气等信息。

智能鞋

可以调整鞋内温度，通过GPS和LED装置了解目的地和方向信息。需要转向时，智能鞋会发生震动，提醒使用者转向。

活动 1

打造智能家居

智能家居中包含许多智能设备：能够自动加热至预设水温的热水器、感知到室内无人时自动关闭电源的照明系统、自动清扫地面并自动充电的扫地机器人等。借助物联网，我们可以将这些设备连接在一起，做到利用手机远程遥控热水器进行工作，命令冰箱门上的显示器搜索菜谱，等等。因物联网技术的存在，我们的家将变得非常智能化。接下来，让我们一起试着通过简单的编程打造智能家居吧！

准备物品： 安装 Scratch 程序的电脑。

活动过程

1 构思设计。

① 利用各种各样的传感器，我们能完成哪些事情呢？

传感器名称	传感器说明	如何运用于智能家居产品中
距离传感器	测定物体与传感器间的距离	
人体红外传感器	感知人体的移动，判断室内是否有人	
光敏传感器	感知光线强度	
陀螺仪传感器	测定物体的倾斜角度和加速度	
压力传感器	测定按压传感器的力度的大小	
温湿度传感器	测定温湿度	

② 思考：使用不同传感器能够生产出哪些不同的智能家居产品？如何用一个传感器控制两种以上的产品？

2 编程。

① 制作背景画面。

单击左下角“新建背景”中的图片图标，从背景库中选择背景，选择“bedroom2”，单击“确定”。

② 绘制新角色。

单击“新建角色”中的“绘制新角色”，制作表示传感器的角色。

③ 用同样的方法绘制 3 个新角色，并更换名称。

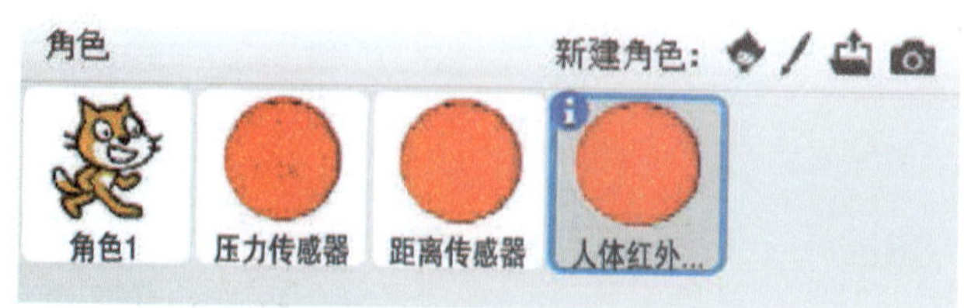

用简单的圆形表示传感器，并更换名称。例如：压力传感器、距离传感器、人体红外传感器。

④ 在背景中增加台灯、门、传感器角色。

从角色库中选择“新角色”，单击“台灯”，并从本地文件中上传角色，选择事先下载好的“门”，将所有角色按照上图进行排列。将人体红外传感器放置在门前，将压力传感器放置在床上，将距离传感器放置在镜子前。

⑤ 设置台灯造型。

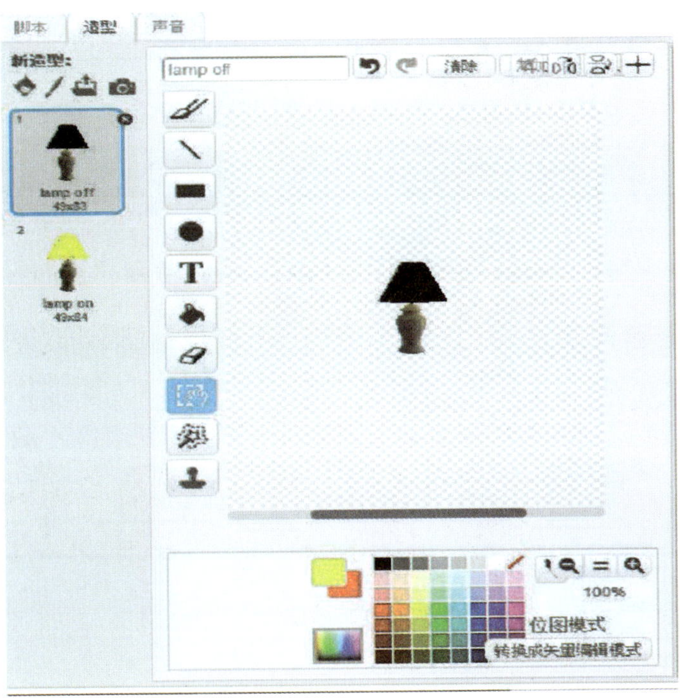

复制台灯后，将“lamp off”的灯罩上色为黑色，将“lamp on”的灯罩上色为黄色。

⑥ 增加窗帘角色。

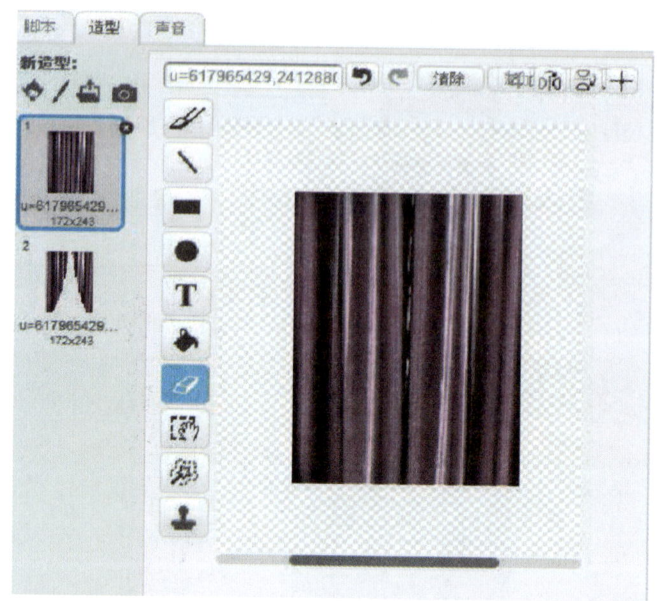

增加窗帘角色，调整至合适的大小，放置在窗户上，复制窗帘，以表示拉开状态的窗帘。

⑦ 更改角色名称，并调整位置。

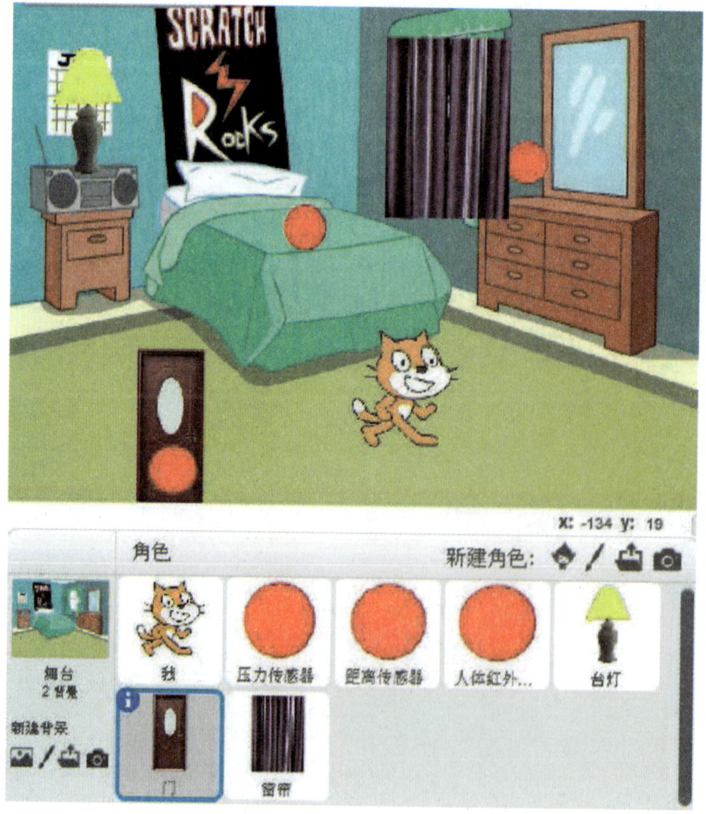

更改所有角色的名称，并调整至适当的位置。

⑧ 增加猫咪造型。

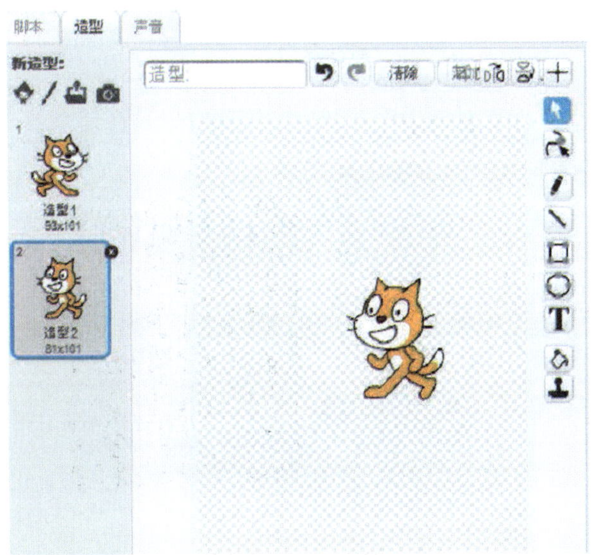

复制猫咪造型，并翻转造型，得到左右两种造型的猫咪。

⑨ 设置“我”的移动速度变量。

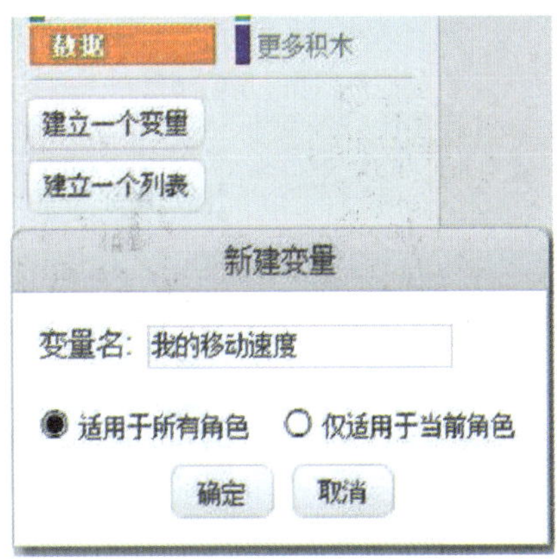

单击数据，建立一个变量，输入名称为“我的移动速度”。

⑩ 设置猫咪的移动脚本。

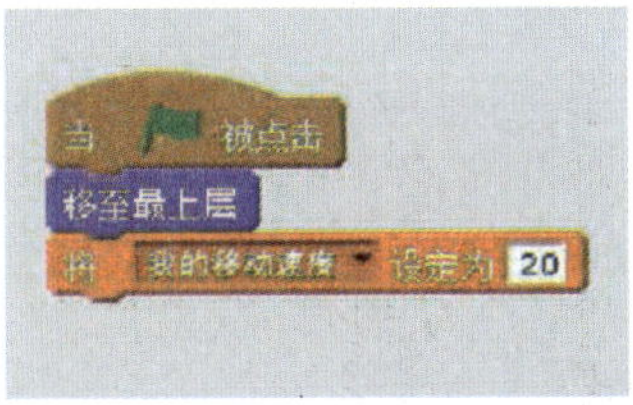

因为猫咪也可能出现在其他角色后面，所以增加“移至最上层”积木，并设定移动速度为 20。

设定当按下“上移键”时，将 y 坐标设定为“我的移动速度”。

如果想要向下移动，设定 y 坐标为“我的移动速度”乘以 -1。

向左移动时，设定 x 坐标为“我的移动速度”乘以 -1，将猫咪造型切换为向左看。

向右移动时，设定 x 坐标为“我的移动速度”，将猫咪造型切换为向右看。

⑪ 设置台灯脚本。

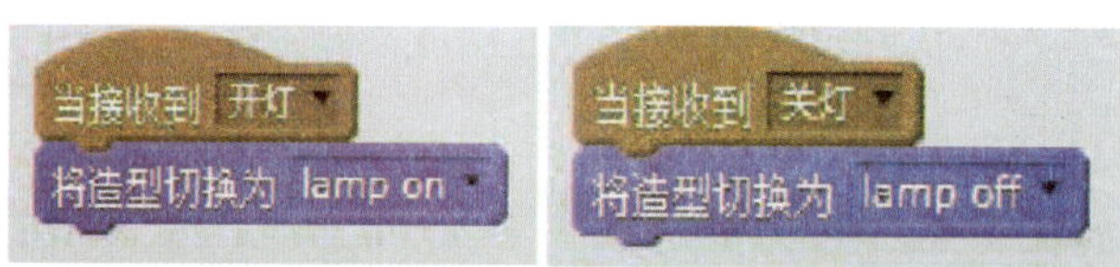

设置台灯的相应活动脚本。当猫咪碰到压力传感器时，台灯变换颜色。

⑫ 设置窗帘脚本。

设置窗帘的相应活动脚本。

⑬ 建立新的变量。

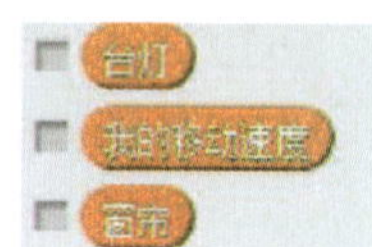

为在设备上显示另一设备的数据，建立变量，分别为“台灯”“窗帘”。

⑭ 点击“更多积木”中的“制作新积木”。

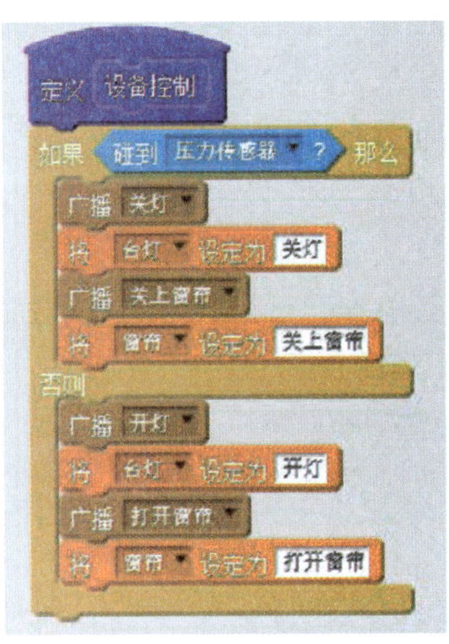

当猫咪碰到床上的压力传感器时，系统判断出猫咪躺在床上想要睡觉，因而关灯，关上窗帘。反之，开灯，打开窗帘。

⑮ 添加“设备控制”积木。

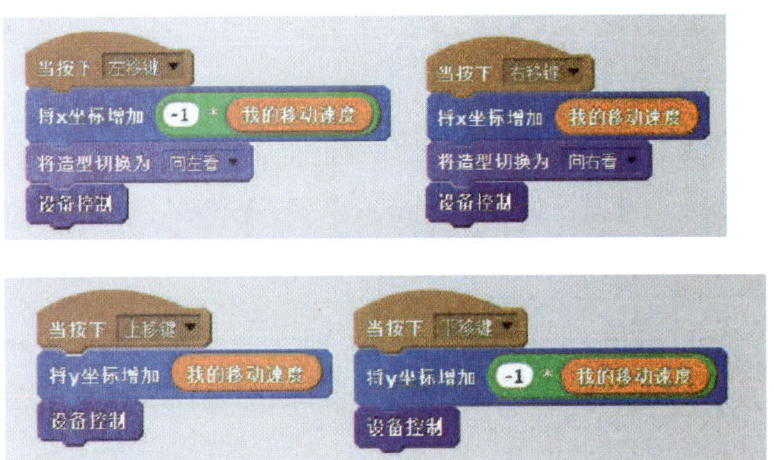

每次按下方向键时，运行设备控制积木，确认传感器是否感知，并做出相应活动。

⑯ 增加智能镜子角色。

增加智能镜子角色，将智能镜子放在镜子处。

⑰ 设置智能镜子。

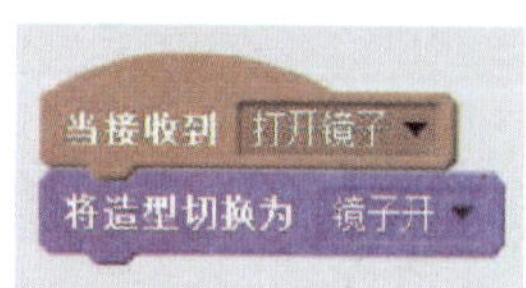

当镜子接收到“打开镜子”时，“我”说“天气真好”。

⑱ 设置距离传感器。

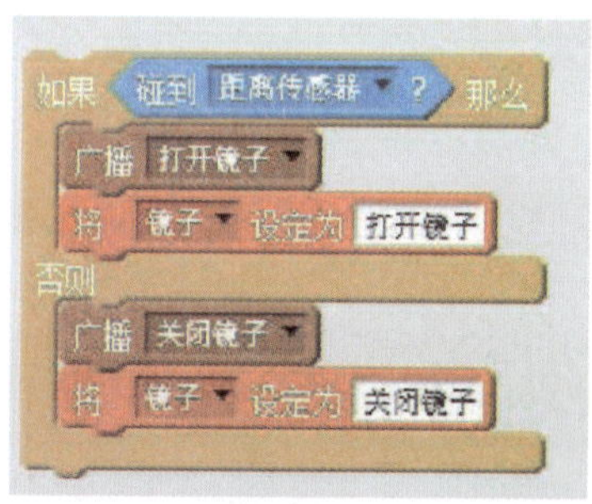

当猫咪碰到镜子前的距离传感器时，打开智能镜子。当猫咪离开镜子时，智能镜子关闭，在设备控制积木上增加相应脚本。

⑲ 设置人体红外传感器。

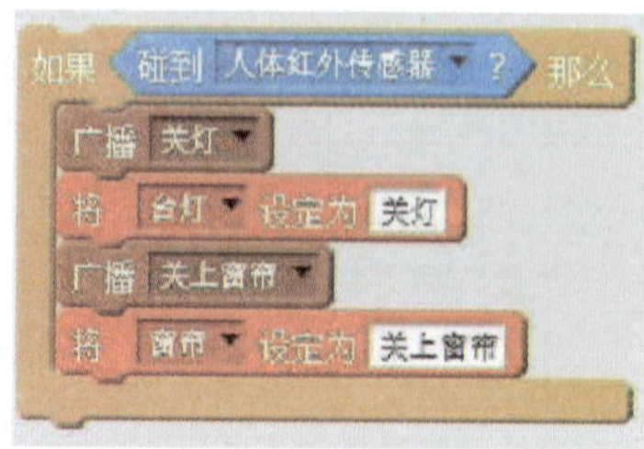

在设备控制积木上增加关于人体红外传感器的脚本。当猫咪出现在门前时，系统判断猫咪将要出门，因而关灯，关上窗帘。

⑳ 增加手机角色。

利用手机图标，增加手机角色。

㉑ 设置手机脚本。

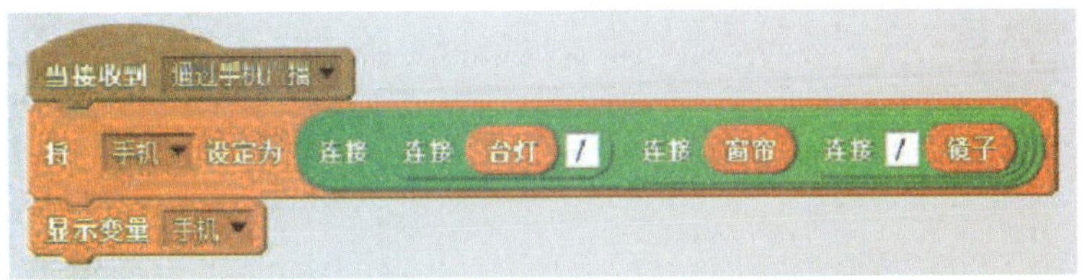

在通过手机收到广播时，手机上显示家中台灯、窗帘和镜子的状态。

㉒ 在“设备控制”积木上增加表示手机状态的脚本。

在“设备控制”积木的最底端增加“通过手机广播”积木。

㉓ 拓展。

自由发挥，如果有其他想要增加的功能，可以自行增加相应传感器和传感器控制设备。

Part 2 物联网与信息安全

在“超级链接社会”，通过物联网技术连接到网络中的物品数量将急剧增加，个人信息的安全问题也将变得更加重要。为了让我们的生活更加便利，生活物品连接到网络中，相互之间传递使用者的个人信息，这也使得我们不得不构建更加可靠的安全系统。

保护信息最基本的方法就是在传输前将信息加密。当所有的物品全部接入网络中时，或许在我们不知情的情况下，网络被他人侵入，物品间相互传递的私人信息就将被他人盗取。如果我们能够将信息加密，那么即便他人盗取了我们加密后的信息，他们也无法得知具体内容。

加密技术大体上可分为对称加密和非对称加密。

对称加密

对称加密，是指采用单钥密码系统的加密方法。同一个密钥可以同时用作信息的加密和解密。由于其速度快，对称性加密通常在消息发送方需要加密大量数据时使用。在对称加密中，数据发送方将明文（原始数据）和加密密钥一起经过特殊加密算法处理后，使其变成复杂的加密密文发送出去。接收方收到密文后，若想解读原文，就需要使用加密密钥及相同算法的逆算法对密文进行解密，这样才能使其恢复成可读明文。在对称加密算法中，使用的密钥只有一把，收、发信双方都使用这个密钥对数据进行加密和解密。其优点是算法公开、计算量小、加密速度快、加密效率高。但是，这一加密算法也存在很大的局限性。在数据传送前，发送方和接收方必须商定好密钥，并且双方都能保存好密钥。如果一方的密钥被泄露，那么加密信息也就不安全了。另外，每对用户每次使用对称加密算法时，都需要使用其他人不知道的唯一密钥，这会使得收、发信双方所拥有的密钥数量巨大，密钥管理成为双方的负担。

对称加密过程

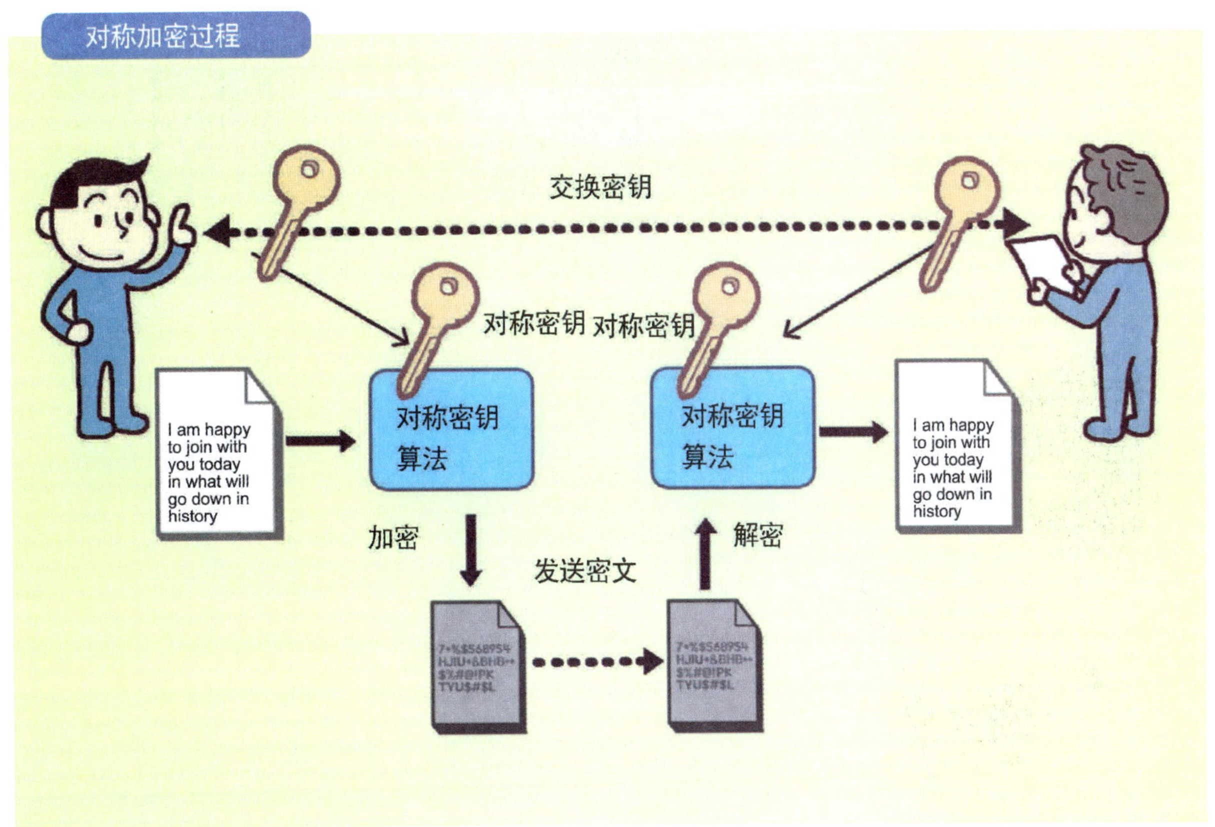

① **分组密码加密** 也叫块加密 (block cyphers)，一次加密明文中的一个块，即将明文按一定的位长分组，明文组经过加密运算得到密文组，密文组经过解密运算（加密运算的逆运算）还原成明文组。

由于不断重复改变文字位置的方法和将特定文字转换成其他文字的方法，在不了解加密运算方法的情况下，他人很难得知信息的具体内容，因而这一加密方法非常安全。

② **序列密码加密** 利用密钥形成一个密钥流，然后利用此密钥流依次对明文进行加密，产生的密码就是序列密码。例如，用二进制对文字 A 进行转换得到 1000001，即利用“1110011”的密钥流和“异或（xor）运算”进行加密。序列密码加密是一个随时间变化的加密变换，具有转换速度快、传播错误率低的优点，目前主要应用于军事和外交等机密部门。

异或运算

异或（xor）是一个数学运算符。它应用于逻辑运算。异或的数学符号为“⊕”，计算机符号为“xor”。如果a、b两个值不相同，则异或结果为1。如果a、b两个值相同，则异或结果为0。异或也叫半加运算，其运算法则相当于不带进位的二进制加法，二进制下用1表示真，0表示假，则异或的运算法则为：同为0，异为1，这些法则与加法是相同的，只是不带进位。

$$\begin{array}{r} 1000001 \\ \underline{1110011} \\ \Rightarrow 0110010 \end{array}$$

在物联网中，信息的加密技术非常重要。对称加密速度快，但泄露风险较大；非对称加密安全性高，但速度较慢

非对称加密

1976 年，美国学者 Dime 和 Henman 为解决信息公开传送和密钥管理问题，提出了一种新的密钥交换协议，允许在不安全的媒体上的通信双方交换信息，安全地形成一致的密钥，这就是“公开密钥系统”。

与对称加密算法不同，非对称加密算法需要两把密钥：公开密钥（publickey）和私有密钥（privatekey）。公开密钥与私有密钥是一对，如果用公开密钥对数据进行加密，只有用对应的私有密钥才能解密；如果用私有密钥对数据进行加密，那么只有用对应的公开密钥才能解密。非对称加密与对称加密相比，其安全性更好：对称加密的通信双方使用相同的密钥，如果一方的密钥遭泄露，那么整个通信就会被破解；而非对称加密使用一对密钥，一个用来加密，一个用来解密，而且公钥是公开的，密钥是自己保存的，不需要像对称加密那样在通信之前要先同步密钥。非对称加密的缺点是加密和解密花费时间长、速度慢，只适合对少量数据进行加密。

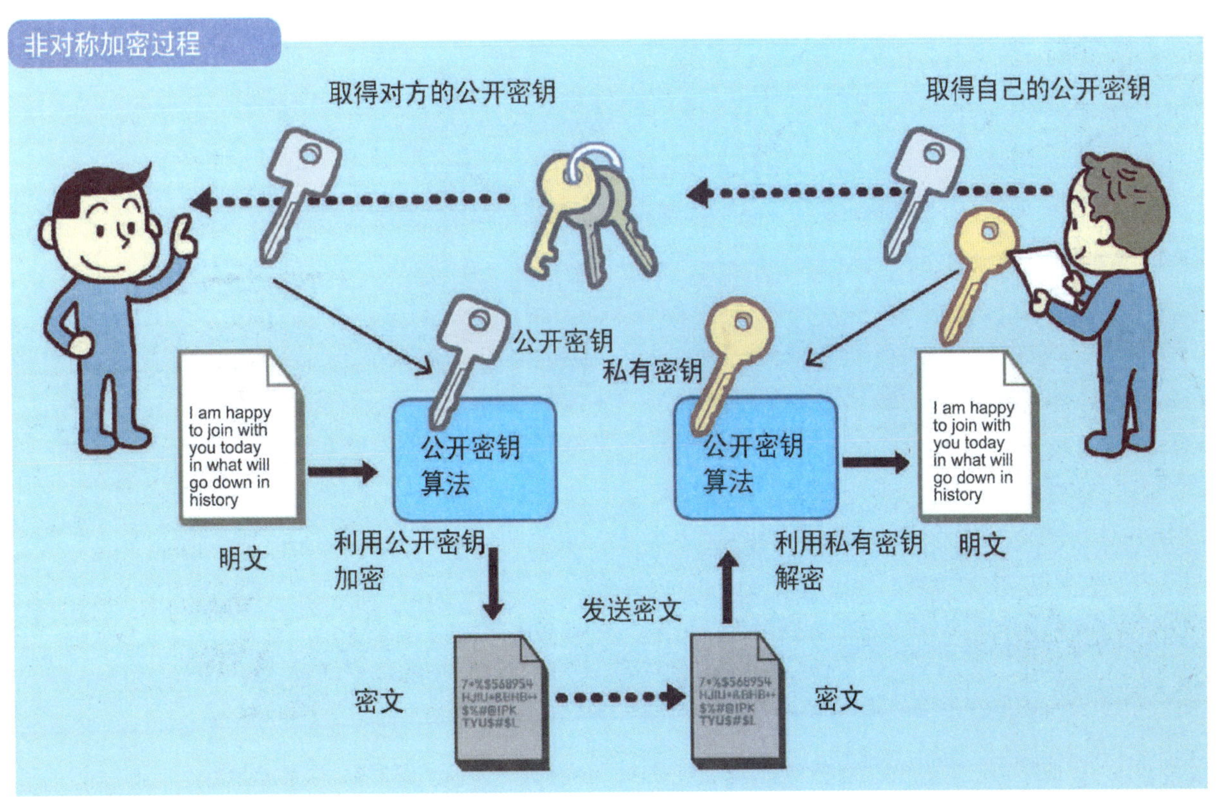

RSA 加密算法

1977 年，罗纳德·李维斯特（Ronald L.Rivest）、阿迪·萨莫尔（Adi Shamir）和伦纳德·阿德曼（Leonard Adleman）一起提出了 RSA 加密算法，并以他们三人姓氏的开头字母拼在一起进行了命名。RSA 是目前最有影响力和最常用的公钥加密算法，它能够抵抗到目前为止已知的绝大多数密码的攻击，已被 ISO 推荐为公钥数据加密标准。

RSA 算法基于一个十分简单的数论事实：将两个大质数相乘十分容易，但是想要对其乘积进行因式分解却极其困难，因此可以将乘积公开作为加密密钥。

截至 2008 年，世界上还没有任何可靠的攻击 RSA 算法的方式。只要其钥匙的长度足够长，用 RSA 加密的信息实际上是不能被破解的。但在分布式计算和量子计算机理论日趋成熟的今天，RSA 加密安全性受到了挑战和质疑。

左起分别为：阿迪·萨莫尔、罗纳德·李维斯特、伦纳德·阿德曼

如何使用 RSA 加密算法?

RSA 加密算法利用前文提到的简单的数论事实，生成了如下面所示的公开密钥和私有密钥。整个生成过程对于初中生来说非常复杂，以下内容仅供参考。

生成密钥

① p 和 q 是质数时，计算 n，$n = p \times q$。

② 将 p 和 q 分别减 1，计算 Ø，$Ø = (p-1)(q-1)$。

③ 找出全部满足以下条件的 e。

$1 < e < Ø,\ \gcd(e, Ø) = 1$

(比 1 大，比 Ø 小，且满足 e 与 Ø 的最大公约数为 1。)

④ 找出全部满足以下条件的 d。

$1 < d < Ø,\ ed \equiv 1 \pmod{Ø}$

(比 1 大，比 Ø 小，且满足 e 与 d 的乘积除以 Ø 所得余数为 1。)

⑤ 此时 (n, e) 为公开密钥，(n, d) 为私有密钥。

注: “gcd”表示最大公约数，“mod”为求余符号，“≡”为恒等于符号。

依据上面的方法生成公开密钥和私有密钥后，如果 B 希望向 A 发送文字内容为“m”的短信，那么加密后的内容“c”如下所示:

加密 $c=m^e \bmod n$ (c 等于 m^e 除以 n 所得的余数)

B 将加密后的短信“c”发送给 A。A 用私有密钥解密后得到的内容如下所示:

解密 $m=c^d \bmod n$ (m 等于 c^d 除以 n 所得的余数)

例如，假设以上加密算法生成的公开密钥 (n, e) 为 (33, 3)，私有密钥 (n, d) 为 (33,7)，那么将会出现下面的加密和解密过程，当加密前的短信为“7”时，则:

加密 $c=m^e \bmod n \rightarrow c=7^3 \bmod 33 \rightarrow$ 343 除以 33 所得余数为→ c = 13

解密 $m=c^d \bmod n \rightarrow m=13^7 \bmod 33 \rightarrow$ 62748517 除以 33 所得余数为→ m=7

活动 2

利用 RSA 加密算法收集朋友的生日信息

众所周知，对两个大质数的乘积进行因式分解是非常困难的，RSA 加密算法正是利用这一数论事实，将乘积公开作为加密密钥。下面让我们进行简单的尝试，利用 RSA 加密算法收集朋友的生日信息。

准备物品：联网状态中的电脑。

活动过程

1 分解质因数。

① 两人同时在20以内的质数中选择两个质数，并告诉对方这两个质数的乘积。此时，确保对方不知道这两个质数的大小。

② 互相对所得乘积分解质因数，求出对方选定的两个质数的大小。

2 求余。

RSA 加密算法中最重要的部分就是求余运算。在其他计算机编程中，求余运算的运用也多种多样。参考示例，计算所得的值填入表中。

例：6 mod 4 = 2, 8 mod 5 = 3, 100 mod 10 = 0

20 mod 6	
36 mod 4	
17 mod 9	
88 mod 9	

3 加密自己的出生日期，并将加密后的数字告知对方。

利用 RSA 加密算法，传递信息。生成公开密钥和私有密钥需要稍复杂的数学运算，我们可以使用已经生成好的公开密钥和私有密钥，并借助计算器进行加密和解密。

从下表中选取一组公开密钥和私有密钥，尝试解密朋友加密后告知的生日日期。可借助计算器或网站中的计算器程序进行运算。

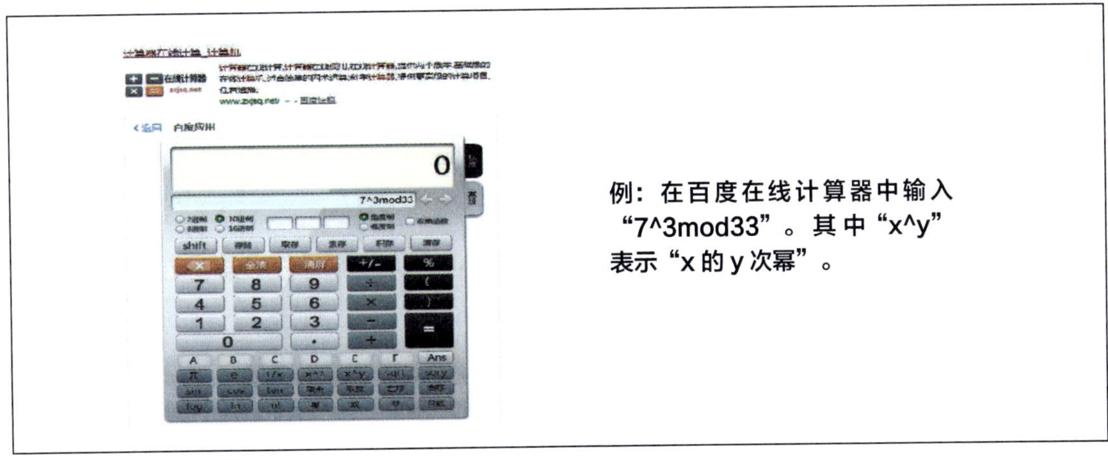

例：在百度在线计算器中输入“7^3mod33”。其中“x^y”表示“x 的 y 次幂”。

公开密钥 (n, e)	私有密钥 (n, d)
(33, 7)	(33, 3)
(187, 7)	(187, 23)
(119, 5)	(119, 77)
(143, 23)	(143, 47)

4 RSA 加密算法的破解方法。

迄今为止，RSA 加密算法被认为是最安全的加密算法。但是，再安全的加密算法都有其漏洞，或许某一天将出现 RSA 加密算法的破解方法。想一想，如何破解 RSA 加密算法呢？请写下自己的设想。

Part 3 物联网服务

消费刺激生产，生产促进消费，为了满足我们多种多样的需求，名目繁多的产品被源源不断地生产出来。物联网也是如此，我们对生活质量的要求不断提高，促使物联网服务日益完善。从生产半导体的公司到家电行业、通信行业、自动化行业，越来越多以创意和技术为基础的产品与服务正不断地涌现出来。接下来，让我们一起来认识那些有趣的物联网服务吧！

智能医疗

一直以来，健康长寿都是人们最美好的愿望。基于这一美好的愿望，物联网时代将会出现许多神奇的健康管理智能产品。现在很多传感器都能够检测出使用者的健康状况，而在未来，技术的发展将不只局限于诊断疾病，或许还能够实现智能治疗人体疾病。目前，世界上很多知名医院已经引入先进的物联网技术，正在努力打造智能医院系统。

美国 Vitality 公司成功研发出一款能够提醒患者定期服用药物的智能药瓶 GlowCaps

① **智能药瓶** 患有结核病、糖尿病、高血压等病症的患者必须长期、定期、定量服用治疗药物。早在 2010 年，美国 Vitality 公司就成功研发出一款能够提醒患者定期服用药物的智能药瓶 GlowCaps。当患者到吃药时间时，GlowCaps 将利用 LED 灯光和声音信号提醒患者。药瓶打开时 GlowCaps 能感应到，并会发送无线信号到 Vitality 公司的安全网络。如果超过 2 小时没有打开药瓶，患者将接到一个自动提醒电话："该吃药了。"

每个月，GlowCaps 还会给患者和其医生同时邮寄一份打印好的报告，此份报告能督促患者按照既定目标努力。并且，当药品快吃完时，GlowCaps 能为患者联络药房，通知其及时补充药品。

② **智能胰岛素注射记录器** 瑞士 Vigilant 公司专为糖尿病患者推出了一款蓝牙智能胰岛素注射记录器 Bee。它能够通过手机 APP 将使用者的注射剂量记录在手机的电子日志中，以避免忘记注射或者重复注射。患者也可以通过手机 APP 随时查看过往的注射记录，并与医生等分享注射记录，以方便交流病情。

瑞士 Vigilant 公司专为糖尿病患者推出了一款蓝牙智能胰岛素注射记录器 Bee

智能家居

我们生活的家是物联网的主战场，睡觉、吃饭、休息等所有环节都能够提供相应的物联网服务。组成每套智能家居系统的物联网都会分析并学习主人的生活方式，比如给主人提供最合适的照明和室温环境等。智能家居产品也能够实现高效节能，整个系统可以充分地利用各种能源。并且，物联网也能够识别宠物，科学地管理宠物体重等，帮助主人健康地喂养宠物。

① **智能照明** 飞利浦 Hue 是一套智能照明系统。使用者可以通过手机控制灯光的颜色和亮度，或者设置定时闪烁。每天清晨，智能照明系统将按照主人设定的起床时间，用隐隐的灯光将主人唤醒；每个夜晚，当主人带着疲惫朝自己的家走去时，智能系统会自动提前打开灯迎接主人回家。当家里长时间处于无人状态时，智能照明系统将自动关闭家中的电源，其中的人体红外感知功能也有助于监测家中是否有偷窃者进入。

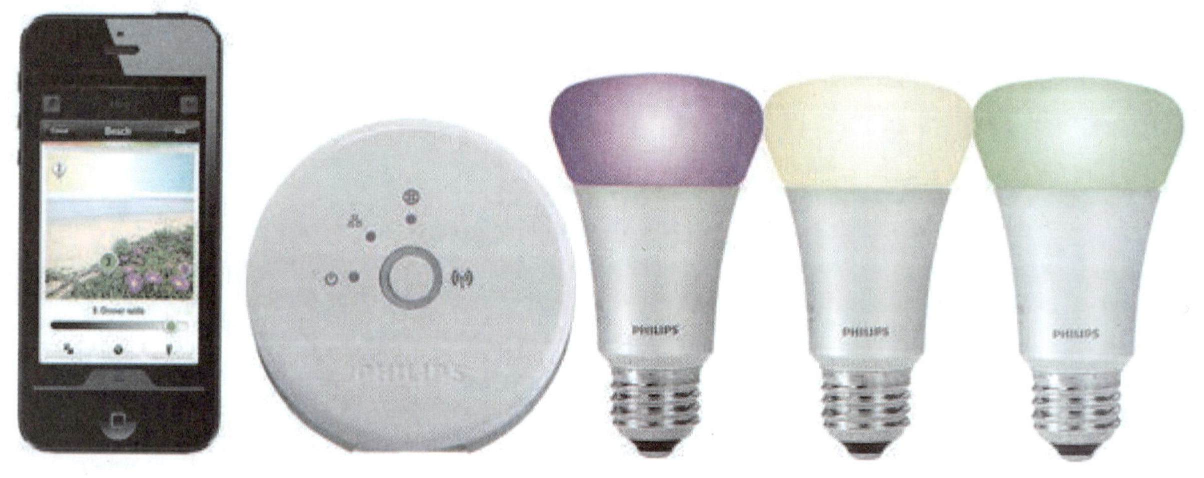

飞利浦公司开发的智能照明系统 Hue

② **智能恒温器** 2014 年谷歌收购了一家名为 NEST 的公司，这家公司的主要产品就是智能恒温器 Thermostat。它的主要功能是将室温调整至最舒适的温度，看上去似乎与其他的调整室温设备没有多大的区别。但是，Thermostat 是一款具有自我学习功能的智能恒温器。从使用者安装并第一次设置系统开始，Thermostat 将记录使用者的所有设置历史，开始分析并学习使用者的喜好。当它熟悉了使用者的生活方式之后，使用者便不必自己设置特定情况下想要的特定温度，Thermostat 将自动根据使用者的喜好调整室内温度。随着学习时间的增加，它判断使用者喜好的准确性也将逐渐提高。

NEST 智能恒温器 Thermostat

并且，Thermostat 也具有其他功能，它能够感知人体的移动，进而根据外出时间合理地调整室内温度，减少耗电量。在手机上设置了回家时间后，Thermostat 将在主人回家前，自动将室温调整为使用者想要的温度。因为与网络连接，所以 Thermostat 能够获取外部的温度和湿度信息，并合理地调整室内环境，使用者也能够随时随地通过手机控制室内温度。

智能安保

未来，物联网技术运用最活跃的领域或许将在安保领域。说起安保，大多数人首先想到的或许是信息安全。其实安保不只是指信息安全方面，当家中或办公室空无一人时，防止出现盗窃或其他问题的措施也属于安保的范围。

① **TEO 蓝牙锁** TEO 蓝牙锁通过蓝牙技术，可以让手机或平板电脑来遥控锁的开启和关闭。使用者还可以通过手机客户端为其他人开锁进行授权，其他人的开锁行为也将被记录在案，使用者可在手机客户端中查看。此外，通过手机，使用者还可以查看锁的位置、开启或关闭状态、剩余电量等相关信息。然而，遗憾的是，2014 年 TEO 蓝牙锁因众筹活动失败，项目暂停。

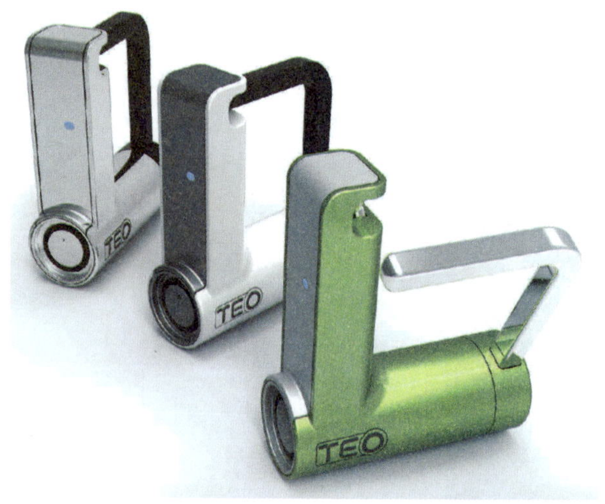

TEO 蓝牙锁

Ring Video Doorbell 智能门铃

② **智能门铃** 近期，智能门铃制造商 Ring 推出了第二代 Video Doorbell 智能门铃。一般的门铃都具备视频显示来访客人的功能，但必须固定在墙上，给使用者和客人带来了很大的不便。Video Doorbell 智能门铃可以自动调整拍摄角度，不需要客人直接正对门铃，无疑解决了一个大问题。外出时，使用者也可以利用手机远程控制智能门铃，还能通过麦克风和扬声器与来访客人进行对话，既避免了朋友来访而自己不在家的尴尬，也保障了家庭的安全。

更新后的智能门铃除了具备第一代智能门铃的功能外，还改进了电池和视频拍摄的清晰度。

如今，物联网服务已逐渐渗透到各个领域，并处于不断发展中。同学们对哪一领域最感兴趣呢？想一想，写下来。

领域	物联网服务名称	文字说明或图示

活动 3

制作智能灯泡

在本环节中，我们将尝试制作智能灯泡。在普通的灯泡上安装通信设备，并通过蓝牙与手机连接，这个简单的装置便能够提供各种方便的服务。

当我们熟悉的日常用品遇到网络和软件程序时，它们会碰撞出怎样的火花呢？一起来试一试吧！

准备物品： 可联网的电脑、安卓手机、Arduino 板、蓝牙模块、RGB LED 灯泡。

活动过程

1 不同的智能物品具备哪些功能？

物品	功　能

2 了解智能灯泡项目的算法。

① 站在使用者的立场上，设计智能灯泡控制程序。首先，设计智能灯泡程序的画面。

② 找出并写下 LED 灯泡发出各种颜色光的原理，思考并写出制作智能灯泡的算法。

3 编程。

打开网址 http://app.gzjkw.net/，使用 QQ 账号登录，制作智能灯泡应用程序并打包下载到手机。

制作第一屏幕布局（组件设计）

① 这是智能灯泡应用的初始屏幕。页面最上方为“智能灯泡”，中间部分的应用图标为灯泡图片，在应用图标下方设置“开始”按钮。

② 在主屏幕上添加三个垂直排列组件，分别表示应用名称、智能灯泡 Logo、开始按钮。分别拖曳标签、画布和按钮至这三个垂直组件中，并分别重新命名。

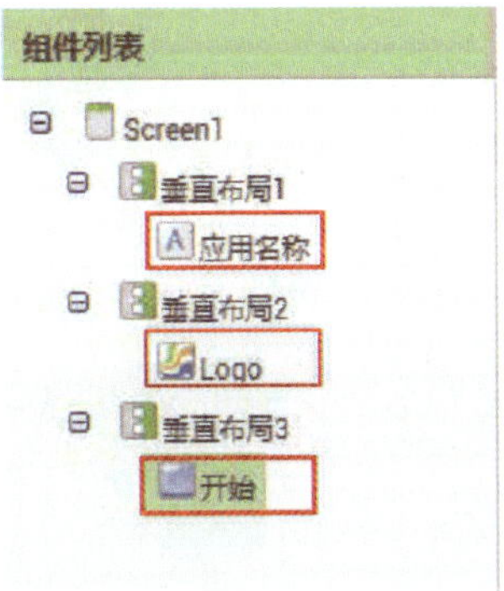

各组件排列布局以百分比为单位进行设置，与手机的分辨率无关，可以指定为特定大小。

③ 单击“增添屏幕”，并以“Control Screen”命名新的屏幕。

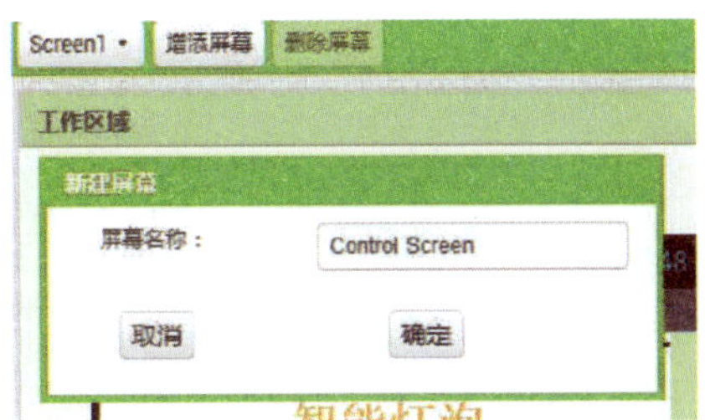

④ 打开编程，设置为：“单击‘开始’按钮时”，打开“Control Screen”窗口。

制作第二屏幕布局（组件设计）

⑤ 这是单击“开始”按钮后出现的第二个页面。

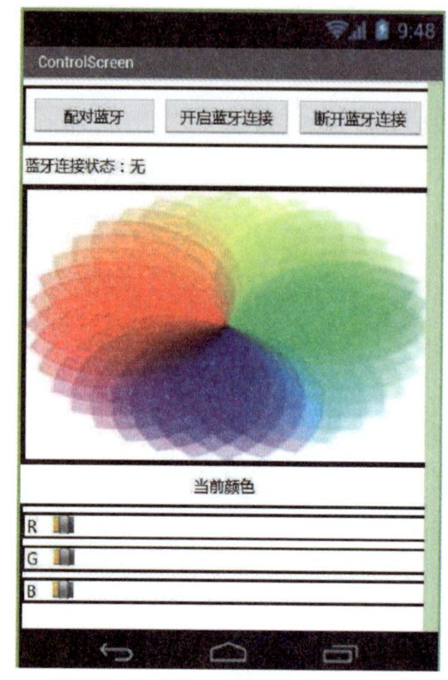

⑥ 为使屏幕的上方出现蓝牙连接部分，增加水平布局组件，拖曳按钮组件、列表选择框和第二个按钮组件至水平布局组件中后，将三者分别重命名为配对蓝牙、开启蓝牙连接和断开蓝牙连接。在下方增加表示蓝牙连接状态的标签组件，并如图中所示设置相应的文本，重命名为蓝牙连接状态。

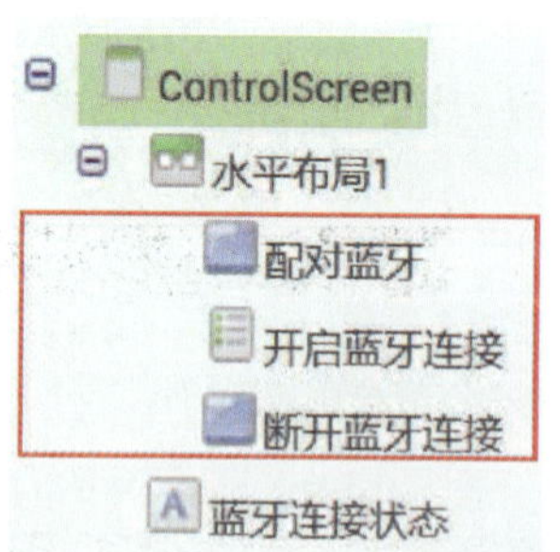

⑦ 增加水平布局组件，将画布组件拖曳至水平布局组件中，设计者可在画布组件上添加色谱图作为背景图片。在画布的下方增加显示所选颜色的标签组件，并将其重命名为“当前颜色”。

⑧ 为帮助使用者清晰地了解所选颜色的 RGB 数值，增加数字滑动条组件。设定最大值为 255，最小值为 0，选择不启用滑块，使得使用者无法借助数字滑动条改变 RGB 数值。

⑨ 为了更简便地在 App Inventor 上使用“蓝牙”与 Arduino 板进行通信，在组件面板中选择“通信连接”，增加蓝牙客户端、两个 Activity 启动器组件。

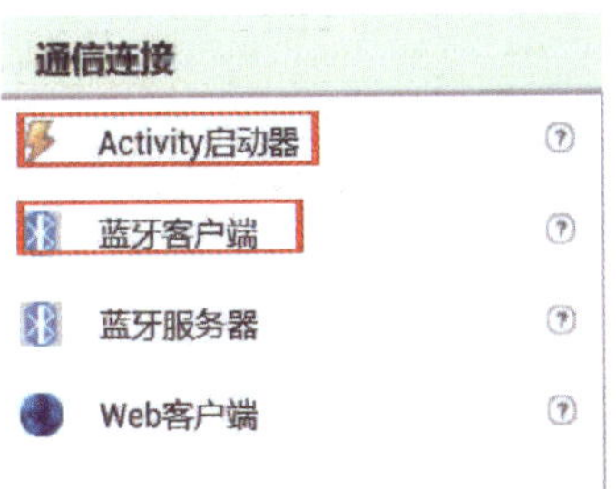

⑩ 增加组件后，“非可视组件”下方将出现“蓝牙客户端”、Activity 启动器组件。分别重命名为“蓝牙客户端 1”“启动蓝牙配对界面”“蓝牙权限获取”。借助这三个组件，我们可以在 App Inventor 中更方便地对蓝牙进行控制。

编写第二屏幕编程（逻辑设计）

⑪ 为了实现通过蓝牙连接 Arduino 板和手机，我们需要编写以下程序：

当配对蓝牙被按压时，调用“蓝牙权限获取”和“启动蓝牙配对界面”。

在开启蓝牙连接准备选择时，将可连接的蓝牙设备即 Arduino 板添加到列表中。

当开启蓝牙连接完成选择时，如果手机与所选 Arduino 通过蓝牙连接成功，在蓝牙连接状态中显示已连接，反之显示连接失败。

当断开蓝牙连接被点击时，与 Arduino 断开连接，并设置显示已断开连接。

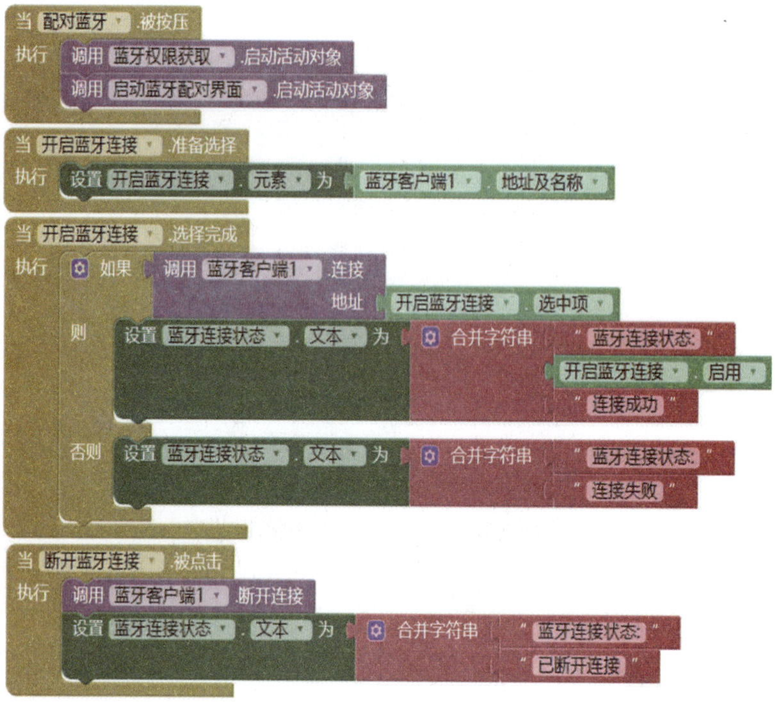

⑫ 为了保存色谱中的背景颜色，我们需要借助变量“当前颜色”来改变 RGB 数值，变换背景颜色，增加 R、G、B 变量，设置初始值为 255。那么，我们可以通过下面的“When_ColorPicker_RGB_Selection”函数变换 Arduino 板上 LED 灯的颜色。

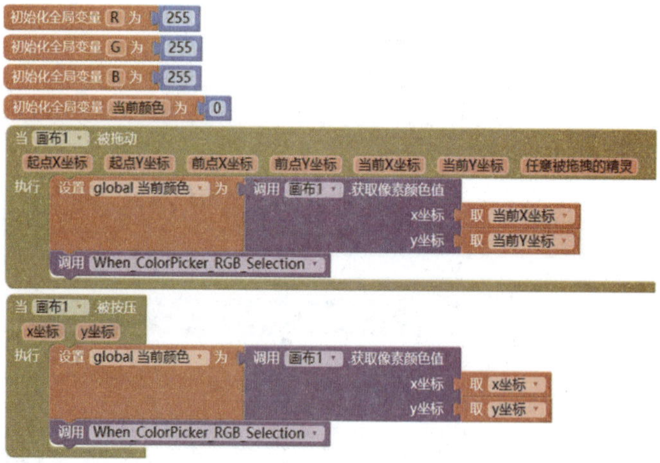

⑬ 编写 “When_ColorPicker_RGB_Selection”函数。使用者在拖曳组件或是触摸组件时将会做相同的工作，如果我们编写出相关的函数，那么将不需要进行重复的相同工作。首先，分别在 R、G、B 变量中通过分解色值函数将当前变量中的颜色分解为 Alpha 数值。接下来，再次利用合成颜色函数得出各数值对应的变量。

将当前颜色的背景颜色转换为所选择的颜色，使用者可轻易地确认所选颜色，也可以看到R、G、B的准确数值。确定R、G、B的数值后，按照特定的数值移动下方数字滑动条的滑块位置，并添加至Arduino板上的LED的RGB参数中。

打包apk并显示二维码，用安卓手机扫描安装；或者打包apk并下载到电脑，传送到手机进行安装。

参考

1. 蓝牙：由于蓝牙的配置难度较高且较难明白，蓝牙的配置教程见配套的教师用书。

2. Arduino程序：由于读取RGB值的代码难度较高，教学中不会涉及，代码由老师在课前进行烧录，如若有兴趣了解学习，可向老师索取程序源码。

SMART HO

职业探索

ME

物联网开发者

当今社会，不只是人可以通过互联网获取信息，物品也可以接入网络中搜集信息。虽然物联网这一概念很早以前便被提出来了，但依靠现在通信网络高速发展和智能电子产品的普及，以及传感器、大数据、信息安全技术的发展等，物联网才逐渐被实现。随着物联网的发展，不需要人们逐条下达详细的指令，生活中的物品便能够按照使用者的生活习惯自主地工作运行。在不久的将来，开发物联网技术的工作及相关职业将发挥不容忽视的作用。

相关职业

电子结算	信息安全咨询师、NFC 项目开发人员、计算机系统设计分析师。
通信	通信工程技术人员、通信设备技术人员、通信装备技术人员、通信技术开发人员、通信网系统管理人员。
物联网服务	物联网服务开发人员、物联网产品开发人员、智能家居产品设计师、电子产品开发人员。

- 设计并生产由传感器、电子标签、电信网络、数据处理等各种组成部分构成的电子产品。
- 研发构建超高速通信网络的装置，管理通信网络。
- 开发各种应用于生活、生产的物联网产品，如智能家居产品、能源节约设备等。

相关学科

实现物联网的重要技术有许多种，其中有传感器、处理器、通信网络、大数据、信息安全技术等。物联网涉及多个领域，并不是靠一两个设备就能够实现物联网服务的。想要从事物联网相关行业，我们必须拥有相关专业坚实的知识基础。拥有了这些知识，并与其他专业人才相互配合，我们才能够开发出各种物联网服务。在物联网时代，专攻建筑设计等知识的建筑学专业或是研究城市规划的城市规划专业的重要性也逐渐显露出来。

能力需求

- 对通信网络有着最基本的理解，拥有构建超高速通信网络的理论知识和实践操作经验。
- 具备敏锐的洞察力，善于观察周围的事物。
- 能够快速学习新知识，有探索欲，并对新兴技术非常感兴趣。
- 有良好的人际交往能力和沟通能力，能够很好地与其他研发人员和专家合作沟通。

课外拓展

制作物联网停车系统

作品简介

作品功能

当汽车靠近车库栏杆时，栏杆自动打开，汽车进入车库后，LED 灯泡自动亮起，栏杆落下；当汽车准备离开车库，再次靠近栏杆时，栏杆升起，当汽车驶出车库一定距离后，LED 灯自动关闭，栏杆落下。

工作原理

利用超声波传感器感知汽车与传感器的距离，根据传感器计算出的距离，控制栏杆的升起与落下，以及 LED 灯的开关。

作品展示

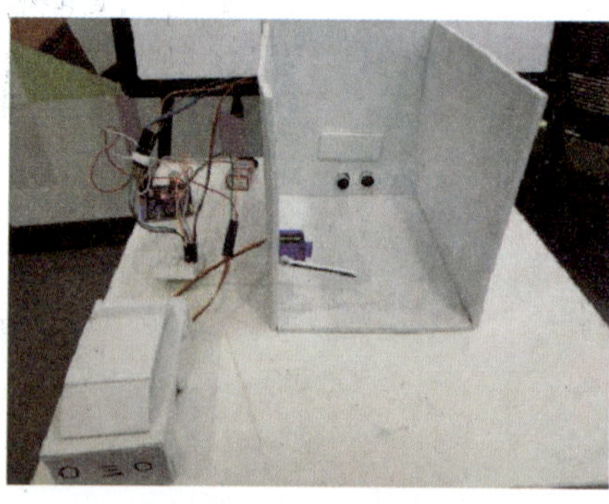

车库与汽车的简易模型

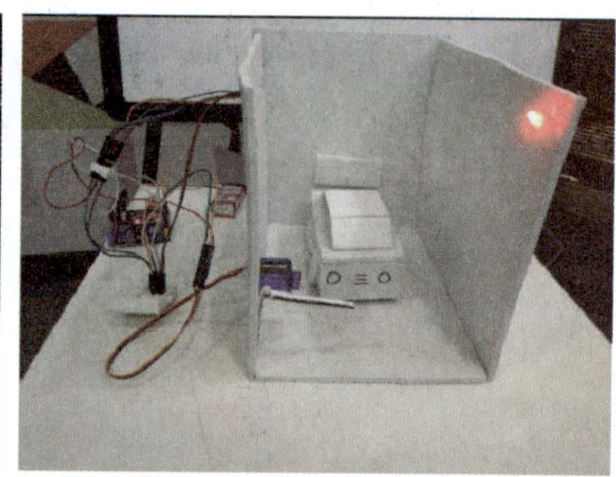

汽车进入车库后，LED 灯自动亮起

电路连接图

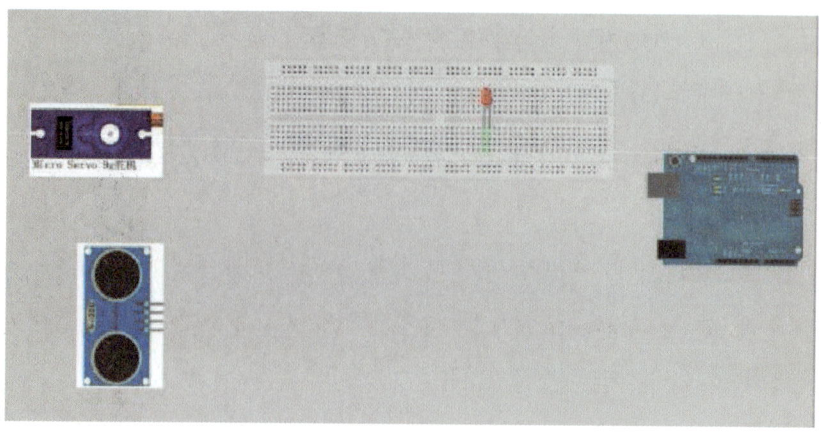

制作流程

- **制作时间：**约 6 课时。
- **所需材料与工具**

Arduino 板	面包板	电阻	杜邦线
9g 舵机	超声波传感器	LED	EVA 板
胶枪、刀、尺子	光敏电阻		

- **核心制作原理**

物联网的原理

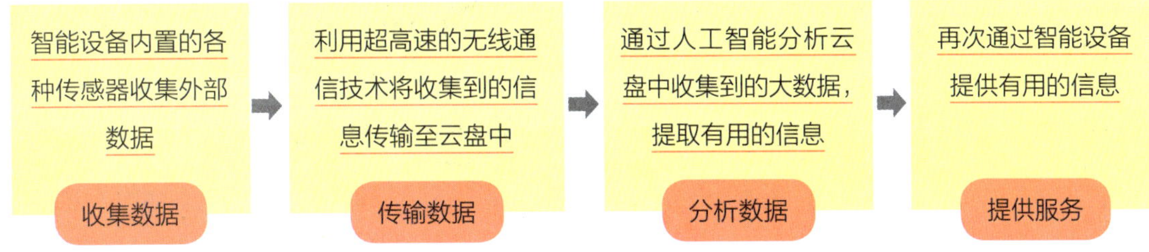

- **制作注意事项**

① 熟知 Arduino 和 Mixly 软件的基本操作方法。

② 制作车库与汽车的简单模型。

③ 注意安全使用刀等工具。

- **所需知识与技能**

① 能够利用 Mixly 软件编写程序，并上传至 Arduino 板中测试、使用。

② 能够连接传感器、传动装置与 Arduino 板，制作符合设计要求的装置。

③ 了解物联网的相关原理知识。